7～12岁财赋少年财商基础教育系列丛书

我是精明小买家

聪明消费学问大

曾 勇 刘 园⊙著

侯小玲⊙编绘

给孩子千万财富，

不如培养孩子创造千万财富的能力。

SPM

南方出版传媒

广东经济出版社

·广州·

图书在版编目（CIP）数据

我是精明小买家，聪明消费学问大/ 曾勇，刘园著，侯小玲绘. —广州：广东经济出版社，2016.9
ISBN 978－7－5454－4824－5

Ⅰ. ①学… Ⅱ. ①曾… ②刘… ③侯… Ⅲ. ①财务管理－少儿读物Ⅳ. ①TS976.15－49

中国版本图书馆 CIP 数据核字（2016）第 222092 号

出 版 人：姚丹林
责任编辑：赖芳琨
责任技编：谢 莹
装帧设计：李康道

出版发行	广东经济出版社（广州市环市东路水荫路 11 号 11～12 楼）
经销	全国新华书店
印刷	广州市岭美彩印有限公司 （广州市芳村区花地大道南海南工商贸易区 A 幢）
开本	889 毫米×1194 毫米 1/16
印张	4
字数	696 00 字
版次	2016 年 9 月第 1 版
印次	2016 年 9 月第 1 次
印数	1～5 000
书号	ISBN 978－7－5454－4824－5
定价	28.00 元

如发现印装质量问题，影响阅读，请与承印厂联系调换。
发行部地址：广州市环市东路水荫路 11 号 11 楼
电话：（020）38306055 37601950 邮政编码：510075
邮购地址：广州市环市东路水荫路 11 号 11 楼
电话：（020）37601980 营销网址：http://www.gebook.com
广东经济出版社新浪官方微博：http://e.weibo.com/gebook
广东经济出版社常年法律顾问：何剑桥律师

序

誉融财赋少年财商教育系列丛书

——做第一档中国人自己的最完整的少儿财商系列书籍

作为 11 岁孩子的父亲，我常常会关心什么才是孩子最重要的能力，什么才是保证他未来幸福富裕生活最关键的要素。

我从创办誉融至今八年，已经为金融机构培养了十万多理财规划师和金融从业人员，并常年受邀担任投资理财论坛嘉宾，为普及金融从业人员和社会大众的理财观念、知识和技能一直孜孜不倦地努力着。

多年的金融培训和理财教育生涯常常让我思考以下几个问题，内心的忧虑和紧迫感也是与日俱增。

为什么那么多人，辛苦打拼一辈子，却总是无法得到自己想要的好生活？大多数的穷人都很勤劳，但为什么总是无法致富？什么才是致富的关键？

为什么那么多人，辛苦积累多年的财富，却常常因为一个小骗局就被骗光？哪怕有一点金融常识也不至于此，是什么原因让他们在金钱上显得如此笨拙？

为什么那么多人，年轻聪明，出自名校甚至学霸，进入社会却是月光族啃老族？好成绩不代表好生活，那么，什么才是对孩子们的未来生活最重要的呢？

为什么那么多孩子，在父母口口声声“再苦不能苦孩子”的百般呵护下，却养成大手大脚胡乱花钱的坏习惯，不懂珍惜和感恩？小时候如此，长大又如何指望他们能掌控好自己的生活？人们总是说富不过三代，那么，如何才能保证家庭的财富可以代代相传？

众多问题究其原因，不是我们不聪明，也不是我们不努力。但是很可惜，我们从小到大，无论是小学中学甚至大学，从来没有人教过我们与金钱财富相关的知识和技能。

或许有人会有疑问：孩子那么小和他讲钱，会不会令孩子变得市侩？金钱知识嘛，长大就会了。真的如此吗？我们很多人长大了，会了吗？中国人忌讳讲钱，害怕讲钱，不愿意讲钱，结果却发现这辈子无论什么时候，都无法离开金钱。

就是因为不懂，很多人一辈子被金钱所困，被金钱左右，无法实现好生活还不知道原因在哪里。很多人因为从小没有学习过金钱财富知识，只能靠自己长大后摸索，经历了许多磨难，甚至损失惨重倾家荡产才有了顿悟。正确的引导，才能让孩子们不走偏路，才能在财富面前不亢不卑，才能正确理解财富的意义，懂得合理运用财富，才能有真正的好生活好未来。

有一个有趣的前十名现象。在我们同学聚会时，总是会聊起过去的读书生涯，议论下每个同学现在的生活。我们常常会奇怪地发现，原来在班级成绩排名前十位的同学，未必就是社会上混得最好的，甚至很多时候还远不如原来成绩比较差的同学。这是为什么呢？其实，好学习不直接等于好生活，好成绩也不等于就一定有好未来，在学习成绩之外，还有更重要的能力素养需要培养。

这就是我们常常忽略的综合素养的锻炼提升，也就是我们常说的智商情商财商都需要具备才能实现好的生活。智商和情商大家都很容易理解，而财商却是一个新名词。财商不仅仅是理财，更是我们认知财富理解财富驾驭财富的综合能力，是决定未来实现富裕生活的关键因素。可现实中，很多父母常常只重视物质生活的满足，而忽略了孩子成长的真正需求，“再苦不能苦孩子”的错误观点正在影响着我们的下一代。

假设有一天孩子问我们：我们家有钱吗？我们会怎么回答？首先我建议，作为父母，可以坦然地和孩子谈论金钱方面的问题，但是，如何回答，还是有很多不同的作用。我问过很多人，有国内的有国外的，大体上分以下两类：

很多有财商意识的父母会这么回答：我们家有钱，足够我们生活，但是这和你没有关系，这是父母的钱，将来你可能比我们更有钱，那你就必须更努力更成功。

还有很多父母会这么回答：我们家有钱，问这么多干吗，这些以后还不都是留给你的吗？难道父母还会带去棺材里吗？

有没有想过这两种回答带来的后果？这是两种完全不同的观念，前者传递的是精神财富，后者传递的只是物质财富。而我们中国人往往用第二种观念来传承我们的财富，结果很多富二代官二代成了社会的诟病，甚至是祸害社会的败类。很多企业家富豪，虽然自己很成功，为社会带来很多财富，但他的子女却成了社会的祸害，留下无法扭转的缺陷遗憾，这样的人生又如何说得上成功。

物质财富的传递最不长久，由于有太多错误的观念和引导，我们的很多孩子已经失去了父辈们吃苦耐劳的精神，养成了大手大脚养尊处优的坏习惯。未来有一天父母不在了，又如何保证父母的财富足够孩子一辈子乱花呢？

给孩子千万财富，不如培养孩子创造千万财富的能力。

财商教育刻不容缓，是孩子们未来幸福富裕的基础，是比其他能力对孩子一生影响更大的能力，却又是我们目前教育体制和家庭教育中普遍缺失的重要一部分。

思前想后，誉融下定决心，在2013年全面转型，将所有重心转移到少儿财商教育上。通过校园财商课程、财商亲子活动、金融机构的定制活动，冬令营、夏令营、特训营等多种形式，做了很多卓有成效的尝试，也积累了许多宝贵的经验。

我们主要关注 4 ～ 18 岁的孩子，这是培养孩子财商的关键期，这个时期对于孩子价值观人生观的培养非常重要，很多行为习惯的建立也是在这个时期，错过这个关键时期，孩子们的一些不良习惯要想调整就非常困难。

我们将这套 40 册的财商书系细分为 3 个年龄阶段的丛书和 2 本父母读物，分别是：“4 ～ 6 岁财赋少年财商启蒙教育系列丛书” “7 ～ 12 岁财赋少年财商基础教育系列丛书” “13 ～ 18 岁财赋少年财商精华教育系列丛书”及《父母培养孩子财商的必修课》《誉融少儿财商教育系列丛书配套读物》，并在未来不断推出市场。

其中，“7 ～ 12 岁财赋少年财商基础教育系列丛书”共 10 册，书名如下：

货币篇：《学趣味货币知识，筑人生财富根基》；

消费篇：《我是精明小买家，聪明消费学问大》；

收入篇：《勤劳工作挣收入，财富经营创未来》；

零用钱篇：《我的地盘我做主，零用钱藏大智慧》；

储蓄篇：《勤俭节约多储蓄，积少成多好生活》；

品德篇：《诚实信用好品质，有德有财有未来》；

家庭篇：《今天我做小当家，精打细算好管家》；

挣钱篇：《我是小小创业家，致富本事人人夸》；

投资篇：《小小金融理财师，投资工具样样知》；

事业篇：《我是未来企业家，白手兴家本领大》。

在这套丛书中，父母可以根据孩子的年龄和能力，亲子阅读或者让孩子自我学习，通过漫画、故事、财赋心语录、财商小课堂等形式，帮助孩子理解和金钱财富相关的知识，对经济金融建立基本兴趣，培养商业意识和头脑。

在整套书籍的编写过程中，我要感谢广东经济出版社投资理财室的责任编辑赖芳琨女士，没有她的努力，这套书无法那么顺利地呈现在大家面前。也要感谢誉融的同事们和家人给予我们的大力支持，还有众多的同行、朋友和学生，他们为这套书籍出谋划策，给了我们很多非常有价值的宝贵建议，这里也一并表示感谢。

这是我们多年少儿财商教育的精华积累，编写仓促，难免有些错漏，欢迎大家提出宝贵建议，也欢迎大家和我们交流少儿财商教育的心得。

少儿财商教育是素质教育的全新领域，弥补了国内应试教育基础教育和家庭教育的空白，已经开始得到教育界金融界等各行各业的关注和重视，越来越多父母开始反思自己的人生经历，并将财商教育放在家庭教育的重中之重。

投资有风险，没有财商教育的孩子，未来一定有真正的风险。

未来的文盲不是没有大学学历的人，未来大多数的孩子都能读上大学。未来的文盲是没有商业思维，没有经济头脑，空有才华却无法有好生活的人。

我们相信，少儿财商教育利国利民利家庭利孩子。从小让孩子接触财商教育，培养正确的价值观人生观财富观，学习珍惜财富理解财富，培养驾驭财富的综合素养，才能为未来的富裕幸福生活打下最坚实的基础。

曾勇

2016 年 8 月 1 日于广州

前言

小朋友，从我们出生那一刻起，我们就在与金钱打交道。因为我们吃的、穿的、用的等都是用金钱换来的，而这些金钱都来自于爸爸和妈妈的辛勤劳动。

金钱是什么？有人说金钱是不好的，因为它会使人心变坏；有人说金钱是美好的，因为它能使人过上富足的生活。

其实，金钱没有好坏之分。它就像花草动物那么普通，它只是我们生活中的一个工具。所以，我们认识金钱就像认识花草动物那么平凡，我们使用金钱就像使用工具那么寻常。

小苹果将通过简单明了的文字和精美的图画，由浅入深，向你介绍钱币是从哪里来的、怎么用金钱去帮助他人、钱都去哪儿了、如何实现自己的梦想、怎么让零花钱变多、怎么做个精明的小买家……希望大家能将学到的知识运用在生活中，提高自己认识金钱、使用金钱和合理规划金钱的能力！

小朋友，金钱只是人生财富的一小部分。人生财富还包括时间、健康、亲情、友情，还有各种优良品质，如持之以恒、助人为乐、感恩的心……希望在你学习如何与金钱打交道的同时，还能收获人生的这些财富！

祝你成为物质上和精神上都富足的富孩子！现在，就让我们开启财商之旅吧！

大家好，我是小苹果！让我们一起学习财商知识吧！

目录

一、聪明的孩子都懂计划

我们的钱是有限的，所以在购物之前要想一想，哪些是我们必须要买的，哪些是可以先缓一缓的。

钱能买下所有东西吗？

小朋友，你的零花钱都用来买什么？每个星期得到零花钱时，你有先计划一下怎么使用吗？怎样才能做到按计划消费，成为精明小买家呢？请跟我来！

龙龙好不容易存了 100 元，他打算用这些钱买急需使用的书包和其他他想要已久的东西。小朋友，请看他想要什么，他所有愿望都能实现吗？

书包 70 元

汽车模型 15 元

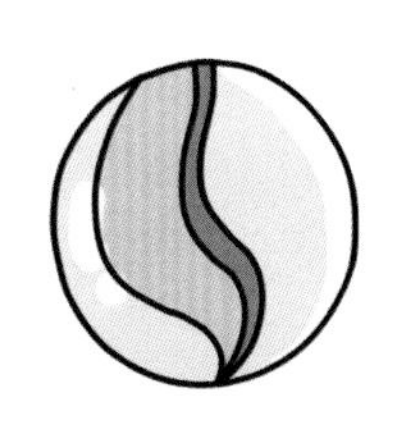

玻璃弹珠 3 元

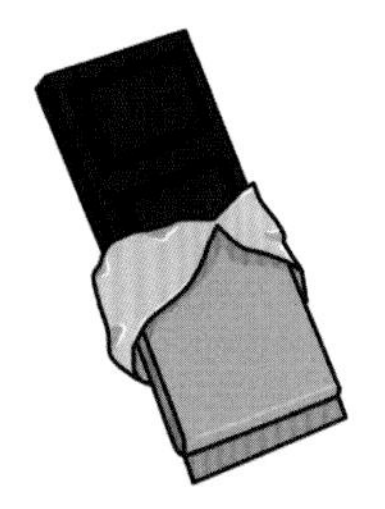

巧克力 45 元

机器人 30 元

陀螺 10 元

通过计算发现，龙龙的愿望不能都实现。因为他只有 100 元，而买下所有的东西却需要 173 元。看来，钱是有限的，不能买下所有想得到的东西。

需要物和想要物

龙龙真为难，100 元买不下所有东西，那他应该买什么？小朋友，请你给一给建议，然后在应该买的物品旁的“ □ ”打上“√”。

陀螺 □

书包 □

汽车模型 □

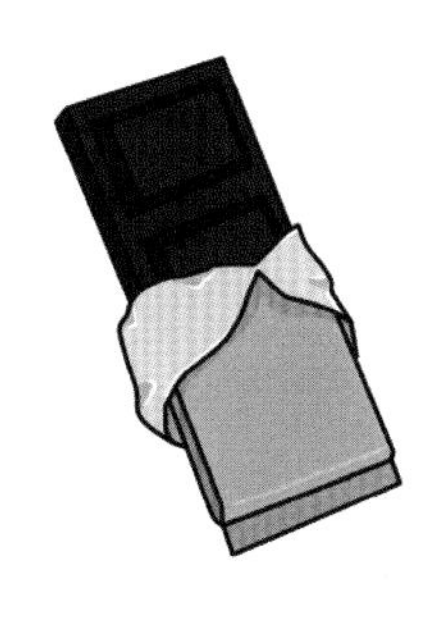

巧克力 □

机器人 □

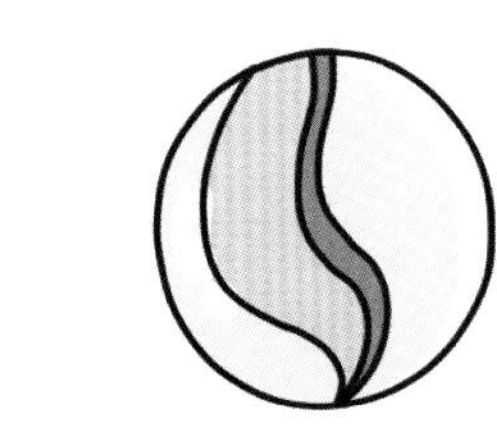

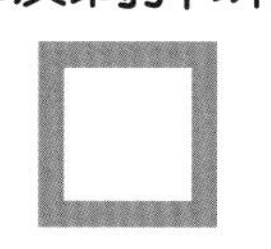

玻璃弹珠 □

龙龙应该购买书包，因为他现在急需一个新书包，没有书包他就上不了学。书包是龙龙的需要物，而其他物品都是龙龙的想要物，因为没有这些物品，龙龙的学习和生活不会受到影响。

小朋友，现在你能区分什么是需要物、什么是想要物了吗？需要物指的是缺乏这些物品就会影响到我们的生活、学习和工作，比如每天三餐的饭菜、饮水，美术课上的彩笔、画纸，书包坏了，要再买一个；想要物指的是缺乏这些物品也不会影响到我们的生活、学习和工作，比如玩具、零食、娱乐活动。

请你辨认一下下面的物品哪些是需要物，并在“□”打上“√”。

米饭 □　牛奶 □　超人玩具 □　薯片 □　CD □　水粉画笔（美术课上用）□

参考书（学习用）□　玩具项链 □　夏季衣服（家里缺乏）□　可乐 □　水果 □　手机 □

花钱顺序

分清需要物和想要物之后，我们的零花钱就应该先购买需要物后购买想要物。这是花钱的正确顺序哦。请看，下面是我的花钱顺序。

开支排行榜

No.1 储蓄

No.2 学习用品（笔、本子）

No.3 课外书（《动物世界》）

No.4 零食

No.5 玩具

No.6 游戏费

小朋友，请你与爸爸妈妈讨论一下我的“开支排行榜”，思考前三名为什么是“储蓄”“学习用品”“课外书”，后三名为什么是“零食”“玩具”“游戏费”。

如何花钱

第一步：制作零花钱“比萨”

制作零花钱“比萨”是精明小买家最关键的一步，请看看我根据“开支排行榜”制作的零花钱“比萨”。

零花钱“比萨”

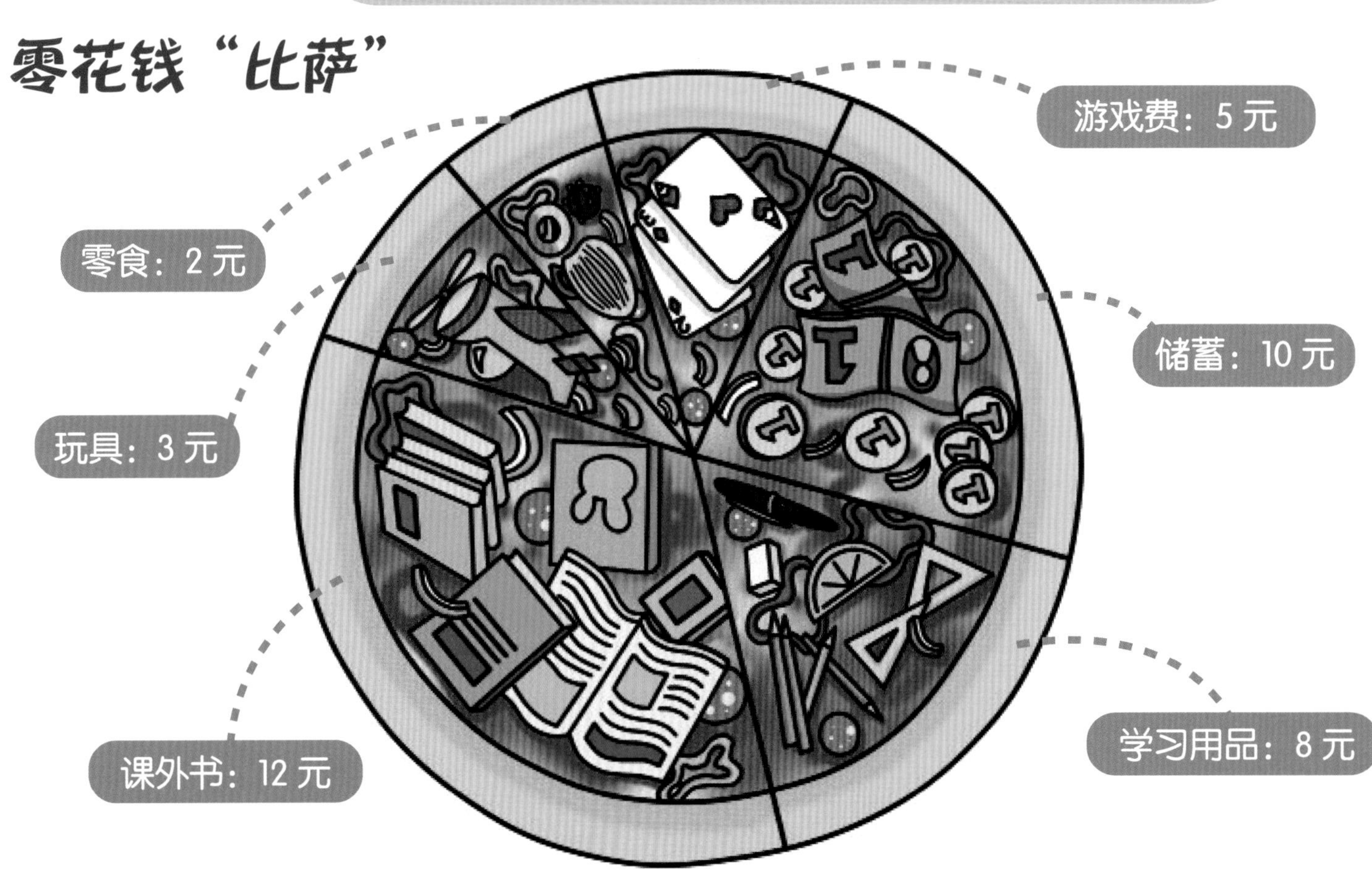

第二步：零花钱分袋装

精明小买家的最后一步就是根据零花钱“比萨”，将每周的零花钱分成几部分装在不同的信封里。请看，我已经装好了。

接下来，我买一支笔之前就可以到“学习用品”袋取钱。

财商小课堂

1. 评一评

小朋友，请你与爸爸妈妈一起回顾一下过去一个月家里的支出状况。分析一下钱都花在哪些方面，花了多少钱。请根据花销从大到小的顺序为所有开支排排序，制作一个“开支排行榜”，然后评一评这个排行榜合不合理，应该如何改进。

2. 制作家庭收入“比萨”

小朋友，请用你所学的知识为家里制作家庭收入“比萨”。记住：制作之前，先向爸爸妈妈调查一下他们的开支计划。请爸爸妈妈帮帮忙。

小苹果的建议

计划消费的能力不是一下子就能提高的，所以小朋友们应该持之以恒。在花钱之前，不妨先做一个计划，把钱分成几个部分，合理使用。

二、小小账本，心中有数好规划

咦，怎么我的钱一下子少了好多？钱都花哪里了？我还真不记得了……有什么办法可以解决我的难题呢？

认识账本，学习记账

小朋友，想要学习记账，首先要了解账本哦！

账本是专门记账用的本子，小朋友每天把自己的收入和支出填在里面，就能知道零花钱跑哪里去了。

先来看看账本是怎样的，别人又是怎么记账的吧。

第一步：把收入的来源记在“项目”栏

第二步：把收入的数额记在“金额”栏

收　入

项　目	金　额
零花钱	100 元
奶奶给的钱	20 元

小计：120 元

最后一步：写上收入总数

这是账本上记录收入的部分，这个星期的总收入是 120 元。

学会了如何记录“收入”，接下来一起看看如何记录“支出”吧。

“购物”类记录服装、日用百货、文具书籍、玩具等消费

“饮食”类记录吃饭、零食、饮品等消费

“娱乐活动”类记录聚会、游玩等消费

“其他”类记录其他类别的消费，如交通费、捐款等

在每一个类别里：
①“项目”栏记录买了的物品；
②“支出”栏记录花了多少钱 ；
③“小计”记录每个类别总共花的钱。

支出

项目	购物	饮食	娱乐活动	其他
买袜子	5元			
买书本	8元			
买冰激凌		3元		
买生日礼物				20元
和同学出去玩			15元	
小计				

小计：51 元

这个星期的总支出是51元，收入（120元）－支出（51元）=69元，哇，还剩下69元零花钱！

小朋友，现在你知道怎么记账了吧！快快行动起来记录你自己的零花钱收支吧！

总结算

昨日结算：120 元
今日收入：0 元
今日支出：51 元
今日余额：69 元

“总结算”记录所有收入和支出的总数。

一起来帮忙

小朋友，多多遇到困难，不清楚自己的零花钱都跑哪儿去了。你来帮多多记一记账吧！

星期天，多多需要到好朋友妞妞家参加她的生日会。于是，她抱着小猪存钱罐早早就出门了。

小猪存钱罐里有100元，这是她省吃俭用了2个月才存到的。

因为还没来得及吃早餐就出门了，因此多多花了5元钱吃早餐。

接着搭乘票价2元的公共汽车到地铁站。

买了4元的地铁票，一路奔波才来到妞妞家附近的精品店。

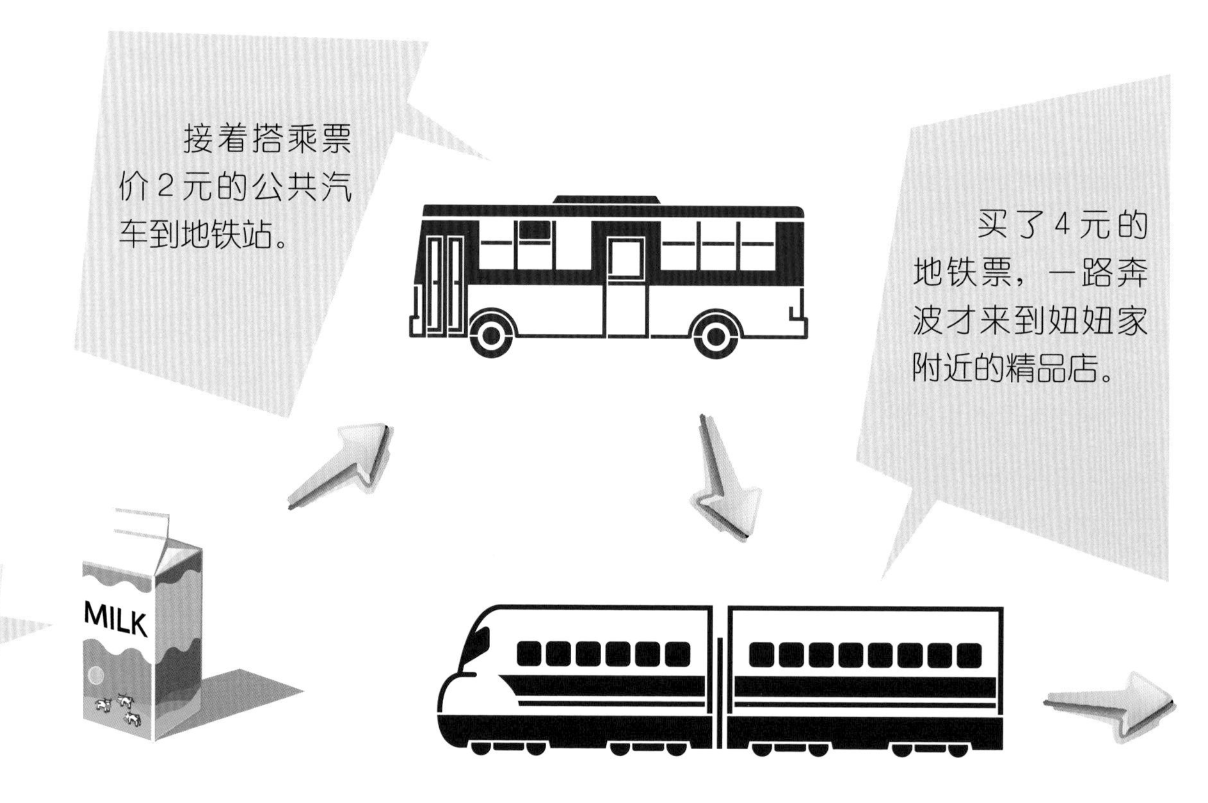

她环视一周，相册要 40 元一本，电子琴玩具要 60 元一个，巴黎铁塔摆件要 35 元一个。

经过考虑，她决定买电子琴玩具，因为妞妞很喜欢弹琴。

礼物挑好了，多多再挑了一张 1 元钱的包装纸让售货员姐姐把礼物包上。

抱着礼物，多多往妞妞家出发了。

在路上，多多渴了，还有点饿。看到路边小卖部的食物，她嘴馋了，于是买了一杯 2.5 元的豆奶，一包 5.5 元的薯片。

一路上吃着喝着就到妞妞家了……

时间过得很快，下午 5 时，妞妞的生日会结束了。多多有礼貌地与妞妞道别后就乘坐票价 4 元的地铁，然后换乘票价 2 元的公共汽车回家了。

回到家，多多发愁了。她发现存钱罐轻了很多，打开一看，里面只剩 14 元。钱都到哪里去了？

小朋友，你能帮多多记记账吗？

支出

项目	购物	饮食	娱乐活动	其他
小计				

小计：________ 元

收入

项目	金额

小计：________ 元

总结算

昨日结算：________ 元

今日收入：________ 元

今日支出：________ 元

今日余额：________ 元

三、精明小买家，购物不吃亏

同样一瓶橙汁，放在不同的地方售卖，价格有可能就会不同，因此，购物也有小技巧。

橙汁价格“变形”记

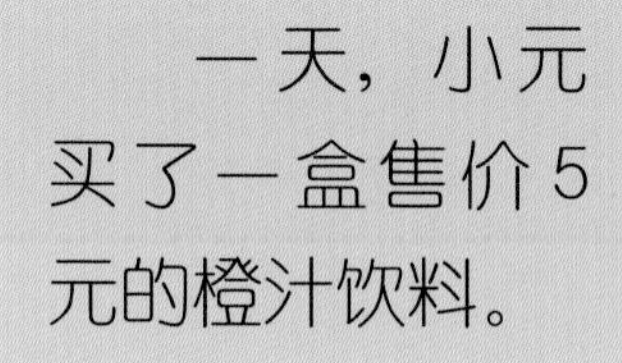

一天，小元买了一盒售价5元的橙汁饮料。

路过另外一家店时，她发现里面也有她刚喝过的同一种橙汁饮料，标价4元。

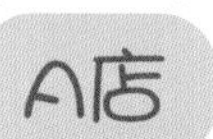

商品标价签

品名：	瓶装橙汁
产地：	中国
规格：	450 毫升
价格	¥5.0 元

B店

商品标价签

品名：	瓶装橙汁
产地：	中国
规格：	450 毫升
价格	¥4.0 元

超市卖3元，学校卖4元，为什么学校要多收我1元啊？不公平啊！岂不是亏1元了？

在选购商品时，相信你们都会看清楚价格再付钱。你会发现，同样的商品在别的地方也有，但是价格却不一样了，变来变去真不明白。其实，商品价格有变化是有原因的，你们也来想想，这可是个大问题呀！和我一起找出价格“变形”的真相吧！

首先，我们需要先看看生活中有哪些常见的购物场所。看看下面几幅图，你认识吗？

1 填空：________________

2 填空：________________

3 填空：________________

4 填空：________________

价格变变变

同一种商品只要摆上了货架，卖家们就像是在进行一场比赛，看谁卖得最多。

你们能看出小卖部、便利店、超市还有商场这几个购物地的不同之处吗？商品价格变来变去的原因就在于它们之间存在着明显的地域区别。以橙汁为例子，橙汁摆在不同地方，价格就不一样。

橙汁产地

价格￥ 2.00 元 / 瓶，以超大批量卖给批发市场，所以也能赚很多钱。

批发市场

售价根据售卖数量变动而变动。比如，售卖 100 瓶以下的，批发价为￥ 3.00 元 / 瓶；售卖100瓶以上的，批发价变为￥ 2.50 元 / 瓶。

各大便利店

24小时营业，方便各类人群，橙汁售价￥4.50元/瓶。

各大商场

店租、管理费高，为了多赚点钱，橙汁售价￥5.50元/瓶。

各大小卖部

小型经营，橙汁批发数量少，批发价2.50元/瓶，为了多赚点钱，所以橙汁售价￥3.00元/瓶。

各大超市

橙汁批发数量越多，购买的顾客越多，所以橙汁售价￥3.50元/瓶。

通过这个例子可以看出，销量、商铺租金、客流量等条件的不同，会导致橙汁价格的不同。小朋友，请你在下表的不同店铺上标出橙汁的售价，然后再用曲线连起来。

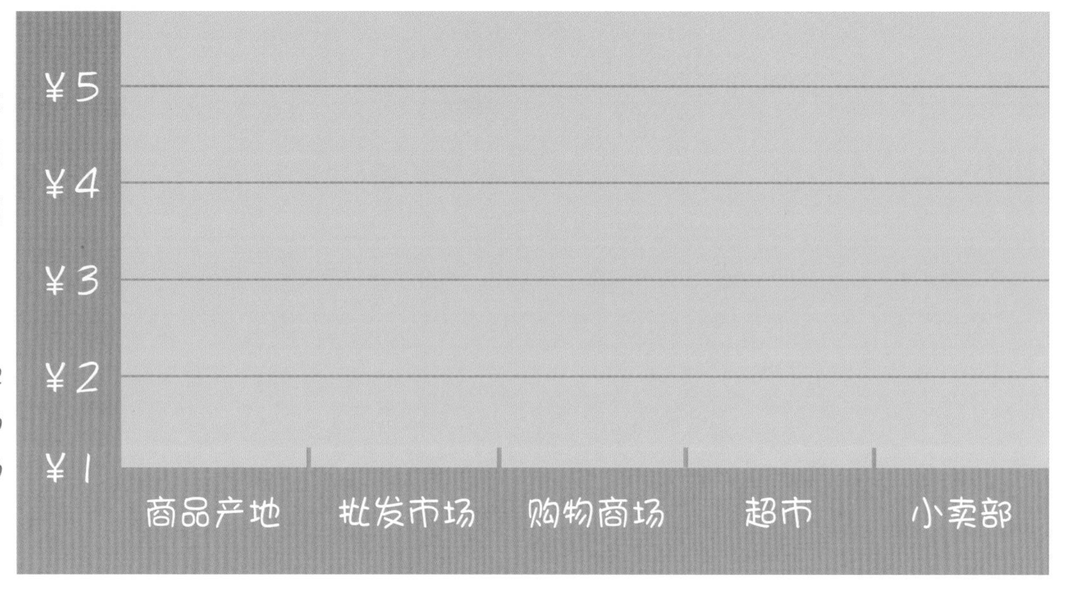

商品价格小调查

同一件商品在不同的店铺售价不同，有哪些不同呢？请和小伙伴一起做个小调查，把你们的调查结果记录在本子里。

调查项目	小卖部	便利店	超市	商场	价格变化的原因
圆珠笔	2元	3元	3.5元	5元	质量好的贵，质量差的便宜 进口的贵，国产的便宜

商品的“身份证”

小明和妈妈一起购物结账后，他好奇地问妈妈：“刚刚收银员姐姐拿着一把像小枪的机器对着我们买的东西‘嘀’了一下就能计算出多少钱，好神奇啊！”

妈妈：“那部机器是条码扫描器。每个商品都有一个条形码，经过条码扫描器扫描后，商品价格就能自动录入电脑。电脑能计算出所有商品的总价，收银员姐姐就知道该收多少钱了。”

你好，我叫条形码，几乎在每件商品上都能见到我的踪影。用机器或手机软件扫一扫我，我就能告诉你商品名称和参考价，我还能告诉你商品的网店价哦！

6 937526 503743

小朋友，你和爸爸妈妈购物时，特别是你自己在买最爱的零食和饮料之前，有没有看清楚包装上的几个重要信息呢？你知道是什么吗？大家一起看看吧！

隐藏在商品包装上的学问

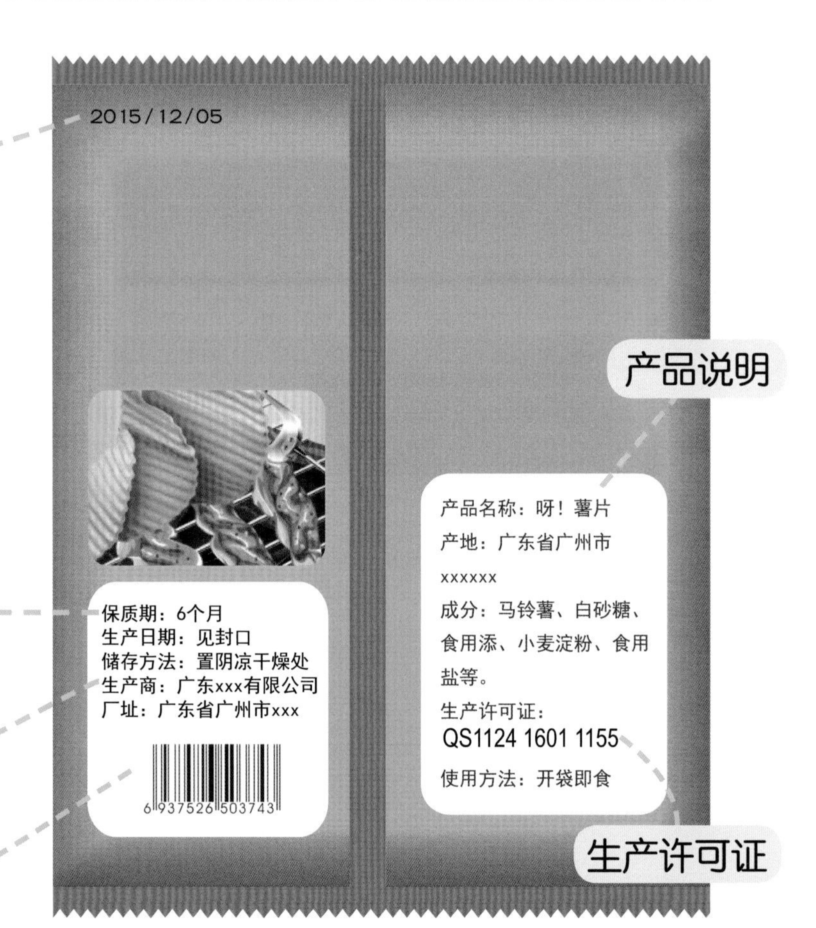

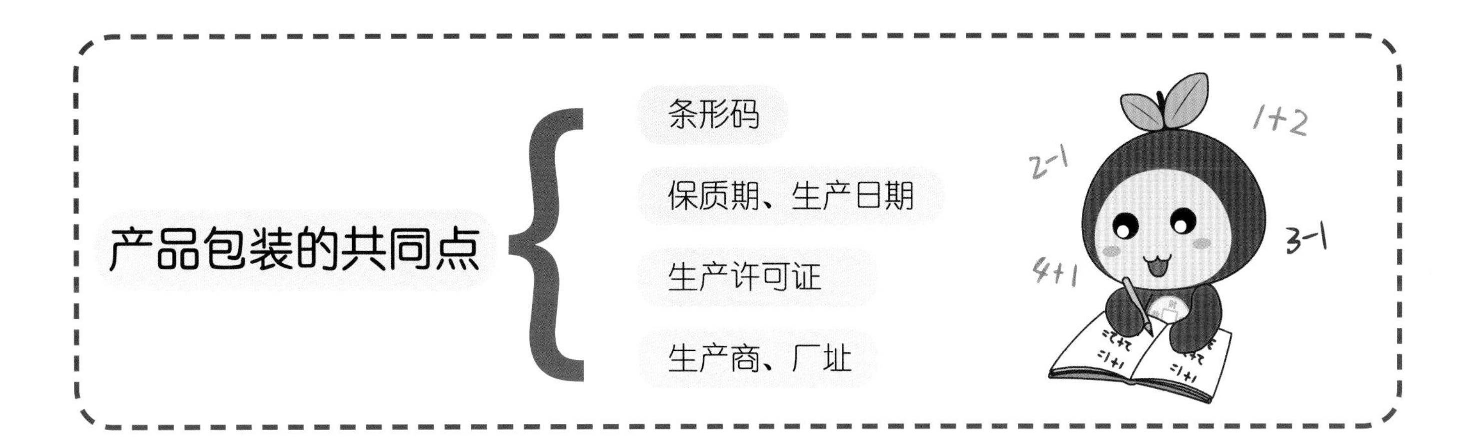

你们看看身边的商品包装有没有这些信息，记录下来吧！

包装观察记录表（打“√”表示有）

商品名称				
① 生产日期				
② 保质期				
③ 条形码				
④ 生产许可证				
⑤ 生产商、厂址				
⑥ 成分说明				

各种商品认证标志

我国常见的质量认证标志，你们见过了吗？不同标志代表着不同行业里的不同商品哦！我们一起来认识认识。

你们好！我是食品生产许可标志，人们习惯叫我“QS”。我经常会出现在你的生活里，如果你在包装上发现了我，就说明这个商品是合格的，可以放心食用或使用了！

你们好！我是绿色食品标志。绿色食品是无污染、无公害、安全、优质、营养型的食品，如果你在包装上发现了我，就说明产品或产品原料产地符合生态环境质量标准，食用有利于身体健康。

中国实验室国家认可

农食产品认证

中国环境标志

中国环境保护产业协会

无毒害室内装饰材料

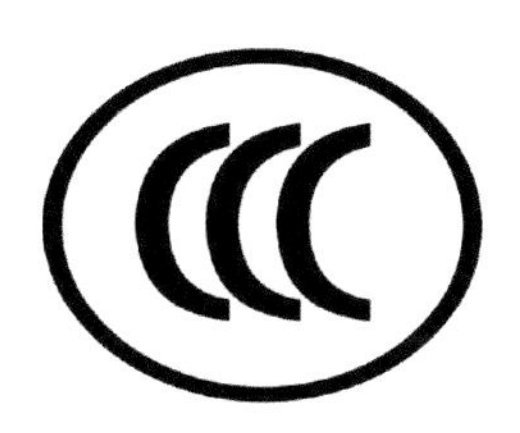

中国强制认证

中国名牌

国家品质认证

国家免疫产品

环境标志

中国环保产品认证

无公害农产品

国家抗菌标志

农食产品认证

国内和国外还有很多不同类别、不同商品质量的认证标志，商品有了国家级的正规检验，才有保障，在食用或使用商品时才更有信心。

向假冒伪劣产品 Say No！

商品包装上的信息让我们对商品的质量更了解。我们除了要养成看包装的习惯以外，还要学会识别假冒伪劣产品。真假难辨，需要练就你的一双小小火眼金睛！

鉴别小方法：

1. 对比包装的颜色、字迹：假冒伪劣商品的颜色浅、字迹不清晰。

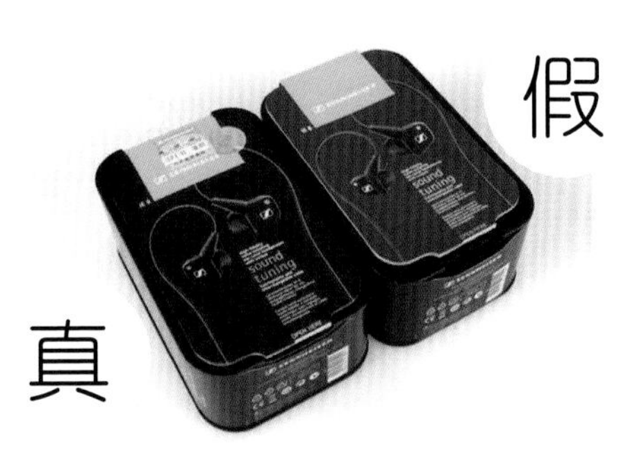

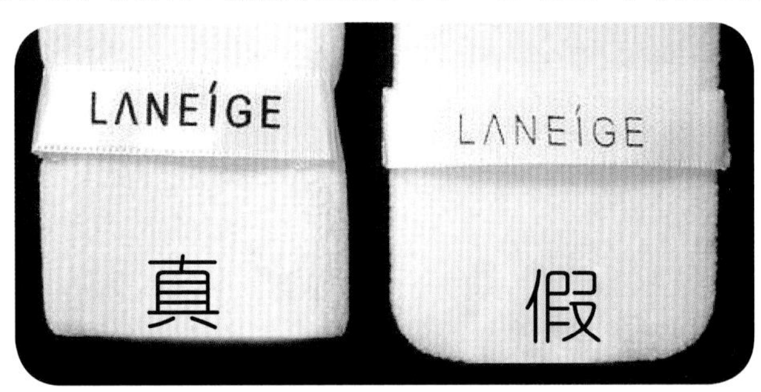

2. 闻一闻、摸一摸：假冒伪劣商品的味道和质感与真品不一样。

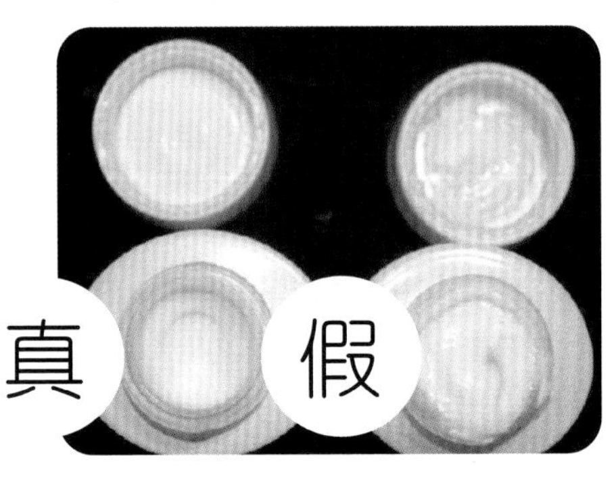

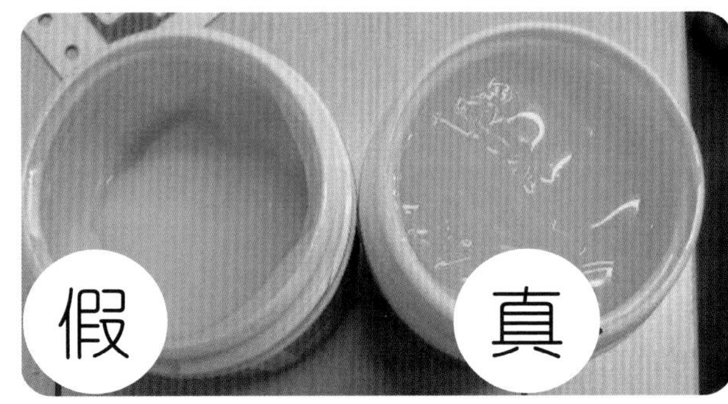

有时假冒伪劣商品真的很难鉴别出来，如果不小心买了，该怎么办呢?

- 保留一切证据，如小票、发票，或拍照，必要时将食物存放在冰箱。✓
- 告知父母，打举报电话！消费者维权投诉热线：12315 ✓
- 提醒身边的人不要买此商品，让他们别上当✓

财商小课堂

购物讲究真正多，购买不同的商品要考虑不同的问题。比如买电器时除了要考虑该电器的性能、耐用度以外，还要注意是否有“三包”服务，也就是“包修、包换、包退”。那么其他类别的商品要考虑的问题又有什么不同呢?

请与爸爸妈妈一起讨论，写一写！

购买物品	需要考虑的问题
文具	
食品	
服装	
药品	
玩具	

选择题：

（1）小明发现摆在家里的罐头黄桃包装又鼓又胀，正确判断的是：________

A. 里面的黄桃肉装得太多　　B. 黄桃肉发酵但可以吃　　C. 已经变质绝对不能吃

（2）校门外的路边摊小吃，你认为：________

A. 觉得可口美味价格便宜，可以买来吃

B. 没有生产厂家，卫生没有保证，坚决不买来吃

C. 偶尔吃几次，不会有什么问题的

（3）消费者权益投诉电话是：________

A. 11315　　B. 119　　C. 12315　　D. 110

财商小课堂

在购物前，自己先想好要买什么商品，要有目标地去购买。同时，也要观察选购的商品，针对它的价格和质量进行考核，如果发现这个商品不合适，可以多找几家进行比较哦。

四、精明小买家，省钱有方法

生活中需要用到钱的地方真不少，花钱成了家常便饭，如果可以少花一点钱买更多的东西就好了；如果有好办法让我节省出更多的钱就更好了。

一“网”打尽

现今除了外出消费购物外，最流行的就是网购了！只要通过电脑或手机就可以购买商品了！生活中的商场、超市建立在网络上，商品齐全，应有尽有，价格优惠，而且也不受时间、地点、天气的限制，快递送货上门，省时省力，团购还可以通过电脑把优惠券的号码发到手机，在外付款时出示号码就可以得到优惠了。网购实在方便啊！

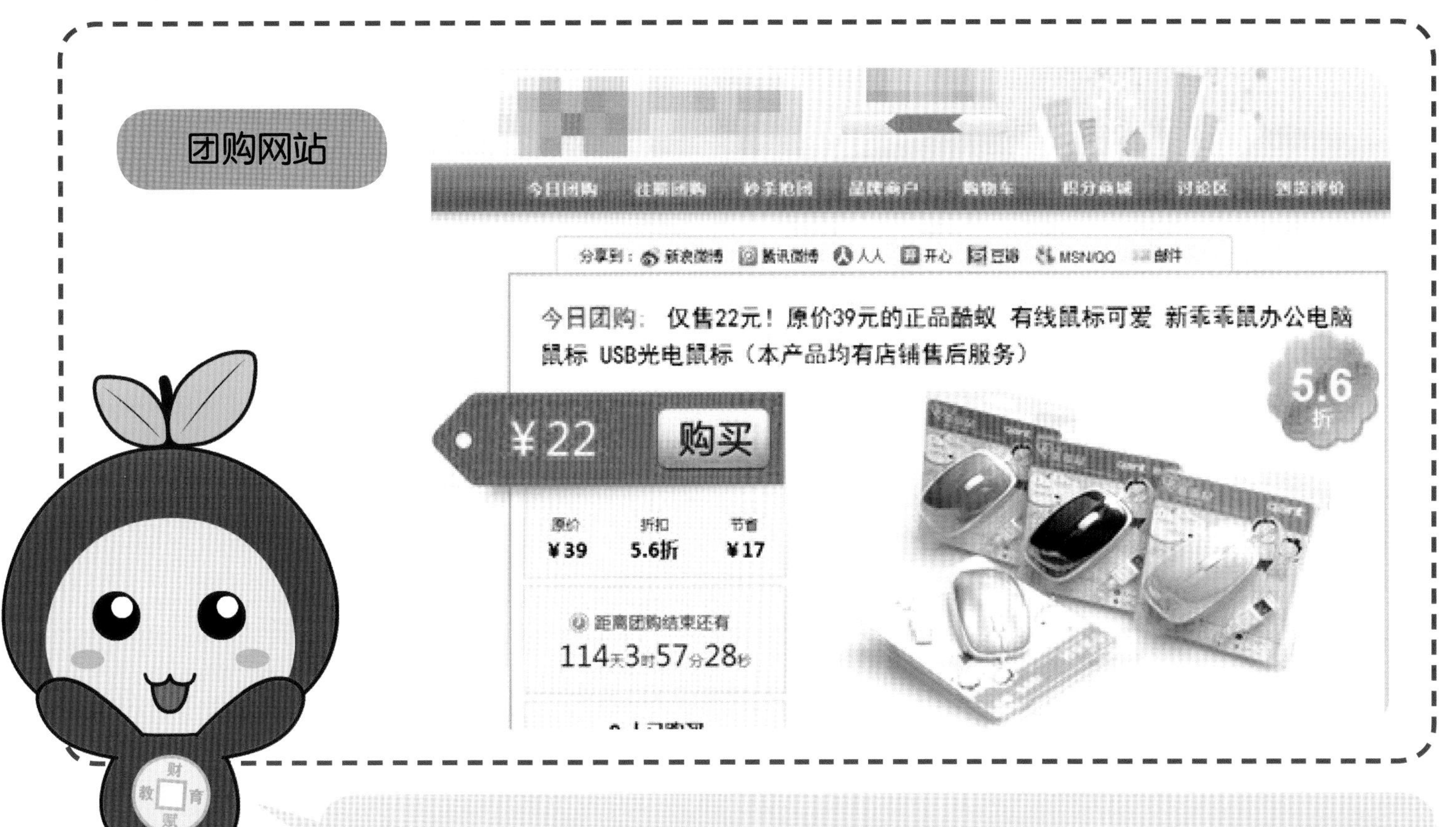

网上商品的价格比起外面店铺的价格会低一些哦！网购和团购都是在网上交易的，会存在一些购物风险，如假冒商品、交易密码泄露等，所以，我们要在爸爸妈妈的监护下进行网购。

网店无须每月交租金，只要交了押金就可以经营了！比外面实体店铺便宜好多，省一笔钱啦！

反季节购物

夏天经过商场时，看到有几位阿姨围着厚厚的棉被在挑选，好奇怪啊，棉被不是应该在冬天才买的吗？

再看看，旁边写着：“反季节清货，棉被半价出售”你们知道这到底是怎么回事吗？

省钱指南——反季节购物

反季节购物，是指在夏季购买冬季衣服，这样能节省不少钱。这种购物方式越来越受人青睐，是一种很精明的购物技巧哦！

图中的购物情景在什么季节？＿＿＿＿＿＿＿＿

A. 夏天　　B. 冬天

羽绒服的反季劲爆价比原价低了多少元？＿＿＿＿＿＿＿＿

图中的购物情景在什么季节？________

A. 夏天　　B. 冬天

空调的反季劲爆价比原价低了多少元？________

你们也来想想什么商品反季节买最划算。

夏天选购 ________ ________ ________

冬天选购 ________ ________ ________

小苹果心想：“对哦，也就是说，买东西时，只要都去找反季节商品，就算暂时用不着，也可以先囤货在家里，一定能省下很多钱了！”

这样想就错了，不是所有商品都适合反季购物的哦。例如，水果在反季节时购买，反而更贵，味道也没有当季的好；一些食品类、化妆品类的商品，也不能在反季节时买得太多，因为要考虑到它们的保质期，所以，看到便宜的反季商品，要仔细想清楚再买哦！

购物小窍门

要成为精明小买家、理财小能手，就要在购物时货比三家、讨价还价，以及留意打折优惠哦，你能做到这些吗？

选购时记得货比三家，切忌在冲动之下购买。

购买打折的商品，更重要的是要考虑到是否需要。

学会讨价还价。

学会选择，学会比较，买自己需要的，你就是懂得精打细算的聪明小买家！

笑一笑

一个周末，妈妈带女儿去逛街。因为是冬天，夏天的服装几乎找不到。正好有一家店在促销反季衣服，妈妈便去给女儿挑了一件 T 恤。女儿好奇地问："妈妈，现在是冬天呀，你怎么让我穿这个？"妈妈解释道："怎么能呢，我这叫反季购物，价格便宜，冬天买了你夏天穿。"女儿半天没吭声，过了会儿突然和妈妈说："妈妈，咱买些冰激凌存起来吧，到了夏天我可以吃！"

笑话听完，话又说回来，反季节购物不是没有道理的，商家为了回笼资金，到了这时往往会把剩余的夏季服装大甩卖，而这对消费者来说很实惠。

财商小课堂

购物的时候可以通过货比三家比较商品的价格与质量，当我们确定了要买的东西后，也要尝试着讨价还价，在讨价还价中你会明白商品的实际价值与卖家的售价之间是有一定空间的。同时，我们还要做个有心人，多留意一些日常生活资讯，因为很多时候，商家会把优惠活动和打折促销等内容公布出来，这个时候，我们就可以根据自己的实际情况，找到适合自己的商家产品进行消费，这同样也可以帮我们省钱哦。

五、赚钱有道，好未来有诀窍

如果我们只是学会了省钱，那么，再省也无法让钱变多，所以，学会赚钱更重要哦。

劳动赚钱

在达瑞八岁的时候，有一天他想去看电影。

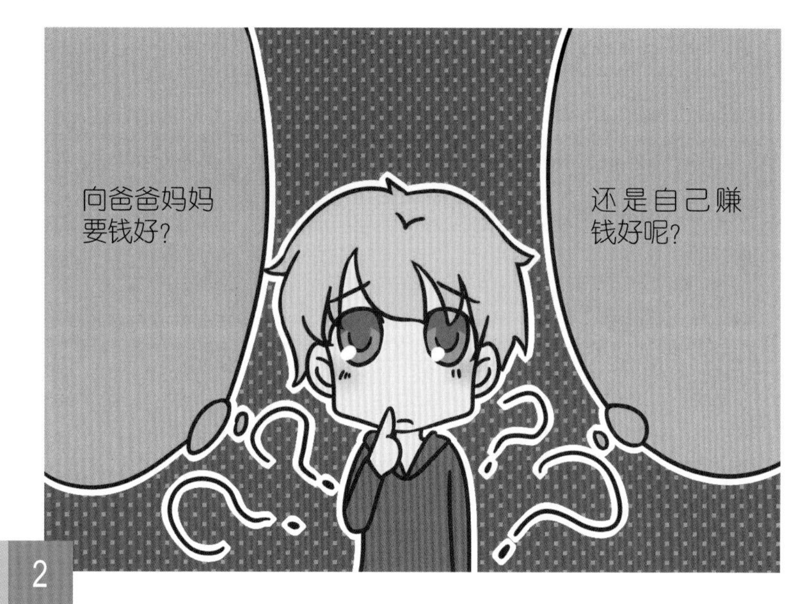
向爸爸妈妈要钱好？
还是自己赚钱好呢？

1 2
3 4

最后他选择了后者。他自己调制了一种汽水，向过路的行人出售。

可那时正是寒冷的冬天，没有人买，只有两个人例外——他的爸爸和妈妈。

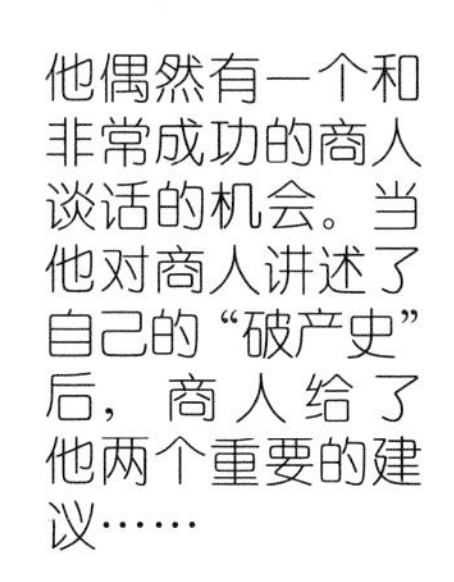

他偶然有一个和非常成功的商人谈话的机会。当他对商人讲述了自己的“破产史”后，商人给了他两个重要的建议……

一是尝试为别人解决一个难题！

二是把精力集中在你知道的、你会的和你拥有的东西上。

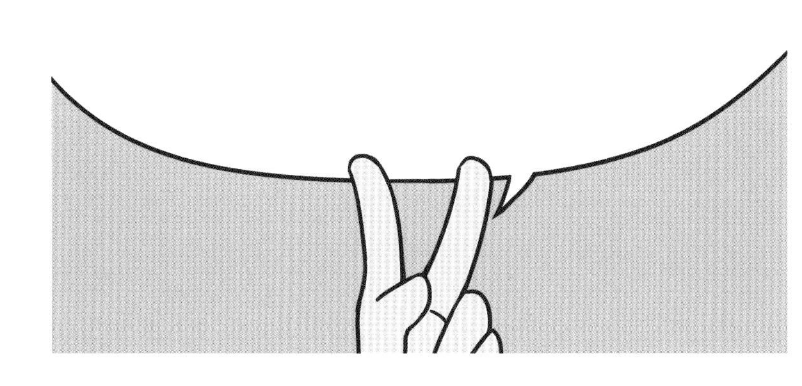

这两个建议很关键。因为对于一个八岁的孩子而言，他不会做的事情很多。于是他穿过大街小巷，不停地思考：人们会有什么难题？我又该如何利用这个机会？

一天，吃早饭时父亲让达瑞去取报纸。美国的送报员总是把报纸从花园篱笆的一个特制的管子里塞进来。假如你想穿着睡衣舒舒服服地吃早饭和看报纸，就必须离开温暖的房间，冒着寒风，到花园去取。虽然路短，但十分麻烦。当达瑞为父亲取报纸的时候，一个主意诞生了。

当天他就按响邻居的门铃，对他们说，每个月只需付给他一美元，他就每天早上把报纸塞到他们的房门底下。大多数人都同意了，很快他有了七十多个顾客。一个月后，当他拿到自己赚的钱时，觉得自己简直是飞上了天。

9 10
11 12

很快他又有了新的机会。他让他的顾客每天把垃圾袋放在门前，然后由他早上运到垃圾桶里，每个月加一美元。

我们从达瑞身上学习到了什么？和爸爸妈妈说说看吧。
儿童挣钱的
二百五十个
主意

告诉大家一个好消息，我去香港迪斯尼乐园玩的愿望就要提前实现了！

你的储蓄计划不是要到半年后才能实现吗？难道是你的爸妈给了你更多零花钱，让你能够存起来吗？

当然不是，梦想的实现要靠自己的努力！我通过向达瑞学习，自己挣钱，很快就要挣够香港迪斯尼乐园的门票费了。想知道我怎么做的？我来告诉你吧！

香港迪斯尼乐园

门票：285元

原因：寒暑假活动

实现时间：________

为了得到赚钱的机会，我跟邻居商量为他们工作，帮助他们解决难题；把自己种的小盆栽卖掉，跟着合唱团演出，发挥自己的长处来赚钱；帮妈妈做家务，她有时还会给我额外的奖励。就这样，通过这段时间的劳动付出，我已经赚到了香港迪斯尼乐园一半多的门票费了。

3月1日第一次获得一个挣钱的机会，邻居王叔叔缺人手摘草莓，我请求他给我一个工作的机会，他同意了，最后他付给我30元报酬。

3月15日隔壁邻居请我帮忙拔除草坪里的杂草，因为他觉得我把我家的草坪打理得很好，而且，他知道我正在存钱，最后，我获得了15元报酬。

4月6日在跳蚤市场里卖出自己种的小盆栽，获得30元报酬。

3月9日打扫完整个落叶满地的院子，妈妈额外奖励了我5元。

3月23日跟合唱团的小伙伴一起去演出，获得了50元的演出费。

为我的梦想已经赚了150多元钱了！

变废为钱

除了通过劳动挣钱以外，我还有其他赚钱小办法，以帮助自己更快地实现小梦想哦。生活中有很多废旧用品，我的第一个小办法就是：把废品变成生活学习中的“宝贝”，废物再利用！这样既能省钱，又能在跳蚤市场上售卖赚到更多钱来实现我的梦想！

收集废旧的纽扣，做成纽扣花束。

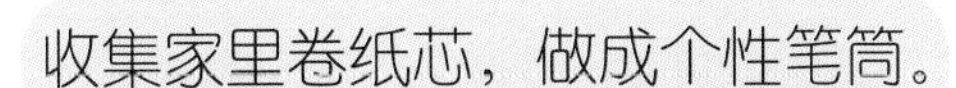
收集家里卷纸芯，做成个性笔筒。

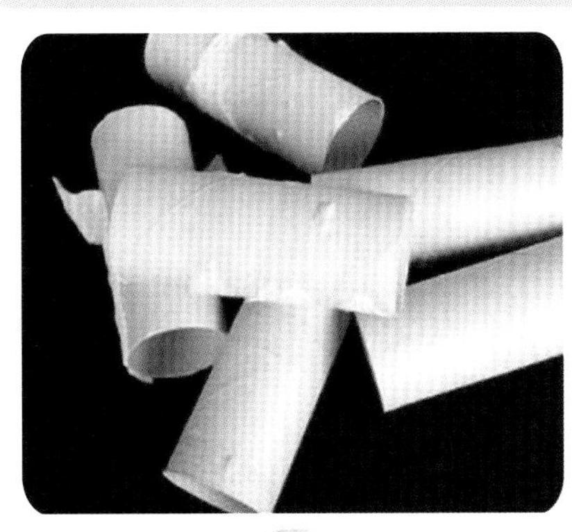

利用坏掉的灯泡，做成小鱼缸。

纽扣花束是我收集废旧纽扣做成的，在跳蚤市场上有很多人喜欢，卖出一束就能为我的储蓄计划增加4元呢。妈妈还帮我找了很多其他废品利用的手工制作方法，这样，我就能经常“变废为宝”，增加我的梦想储蓄金啦。另外，一些我不需要再用的东西也可以拿去卖掉，这样，既能给别人使用，又能挣到钱哦。

把用废旧物品改造的“宝贝”拿到跳蚤市场去卖。

自己不需要再用到的物品也可以整理出来拿来卖。

这样既环保省钱，又能挣钱。你还有其他挣钱小方法分享给我吗？

我的第二个小办法是：把可回收利用的废品（比如空汽水瓶）收集在一起，数量多了，就拿去废品回收站卖掉，把得到的钱存入梦想储蓄计划里。

太好了，我一定要向你学习，“变废为钱”！

财商小课堂

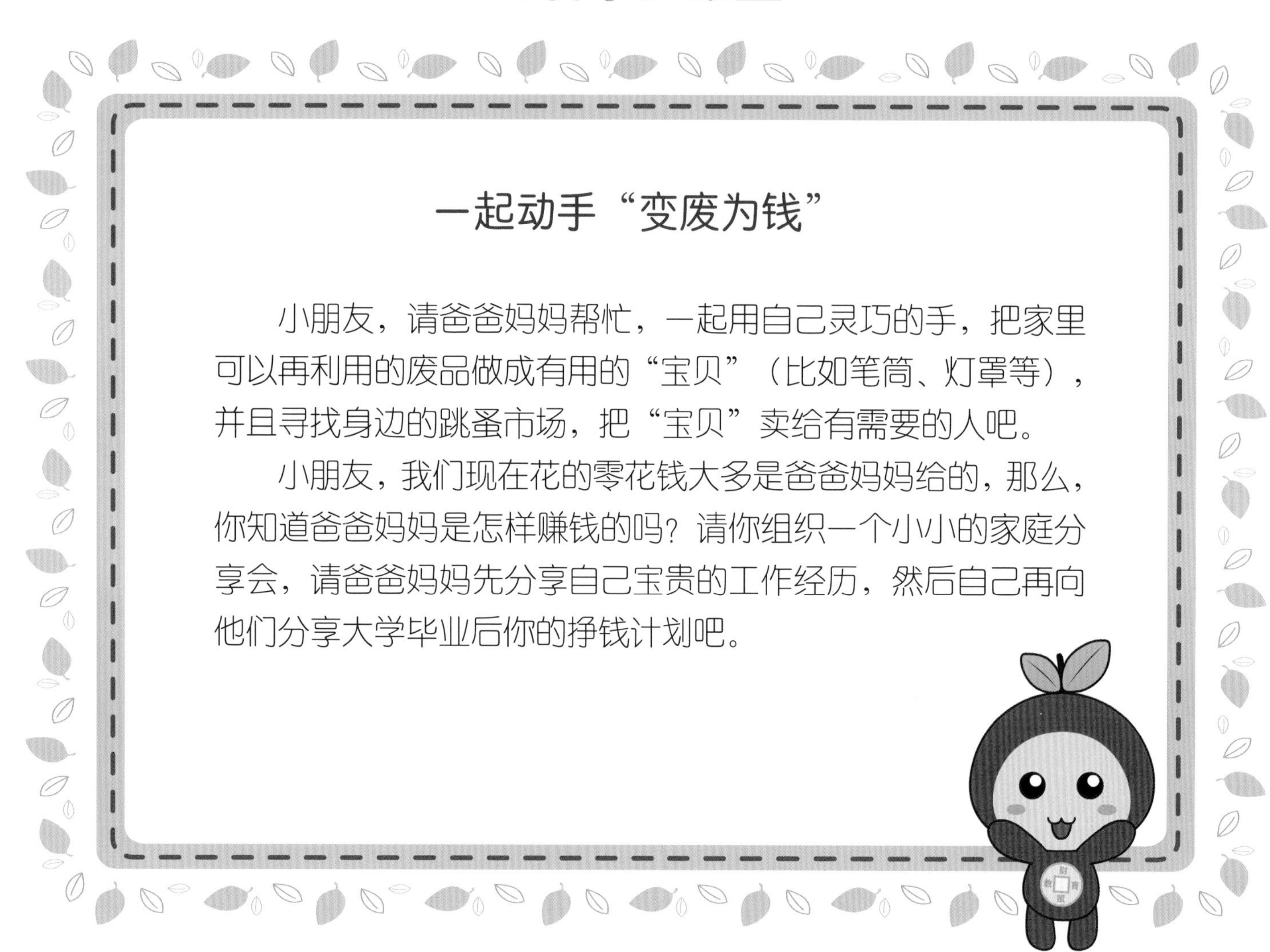

一起动手“变废为钱”

小朋友，请爸爸妈妈帮忙，一起用自己灵巧的手，把家里可以再利用的废品做成有用的“宝贝”（比如笔筒、灯罩等），并且寻找身边的跳蚤市场，把“宝贝”卖给有需要的人吧。

小朋友，我们现在花的零花钱大多是爸爸妈妈给的，那么，你知道爸爸妈妈是怎样赚钱的吗？请你组织一个小小的家庭分享会，请爸爸妈妈先分享自己宝贵的工作经历，然后自己再向他们分享大学毕业后你的挣钱计划吧。

小苹果的建议

只要善于发现，赚钱的方法总比遇到的问题多。我们根据具体情况来想办法，肯定会找到适合自己的方法。小苹果推荐以下几种方式，如果你有更好的办法，不妨用实际行动去尝试一下吧！

我们的财富和财富观

小朋友，我们的财富是什么？我们要怎样追求财富？我们应该怎样正确对待自己的财富？以下，由故事《幸福的樵夫》带你起航财富了解之旅。

我虽然穷，但我能
时时感觉到幸福，
所以我很快乐。

你不如我有钱，也没有我那么多房子，为什么还那么快乐呢？
一个人的幸福和快乐未必和钱有关啊。

为什么？不是应该钱越多越幸福吗？

你有那么多钱，却总是觉得不够，总是想要更多的钱。

是呀，所以我总是觉得不幸福不开心。

我的钱，能让我的家人过上安稳的生活就足够了。

我们的钱够用了，我们一家人都很开心，不会为了金钱而争吵，所以我们很知足。

真正的富翁应该是他，我穷得只剩下钱了，难怪我不开心。

小朋友，商人的财富是什么？樵夫的财富是什么？谁比较幸福呢？为什么？你的财富又是什么呢？请把你的财富列在下面的财富船里。

我的财富船

小朋友，我们通常所说的财富，除了包括金钱、房子、汽车、珠宝、文具、玩具等这些看得见的物质财富之外，还包括看不见的精神财富，比如亲情、友情、心情等，这些财富是用金钱也买不到的。

物质财富和精神财富都是我们幸福人生不可缺少的。你的财富船里承载着精神财富吗？

我是精明小买家，
聪明消费学问大。
身体力行多实践，
细心规划未来佳。
财
教 育
赋

誉融教育（集团）

誉融教育（集团），成立于 2008 年，师资力量雄厚，金融行业经验丰富，理论和实战技能卓著。旗下"财赋商学院"更是国内少儿财商教育的一面旗帜，是目前国内唯一涵盖 4～18 岁青少儿全体系财商训练精英机构，帮助孩子建立正确的财富观和人生观，克服物质条件的过分满足带来的诸多问题，从小培养孩子珍惜财富、创造财富、驾驭财富的综合素养和能力。

财商理念

誉融少儿财商培养孩子10大素养

传十分财商，创百分未来！

全体誉融人秉承"一群人、一条心、一件事、一辈子"的座右铭，以专注、专业、价值的态度诠释着科学、创新、发展、实效的财商教育理念，我们坚信财商教育是影响社会、影响孩子一生的大事，是生存能力的培养，是立足未来实现富裕幸福生活的最坚实基础，并将此作为誉融人终身的奋斗目标！

誉融财商教育体系

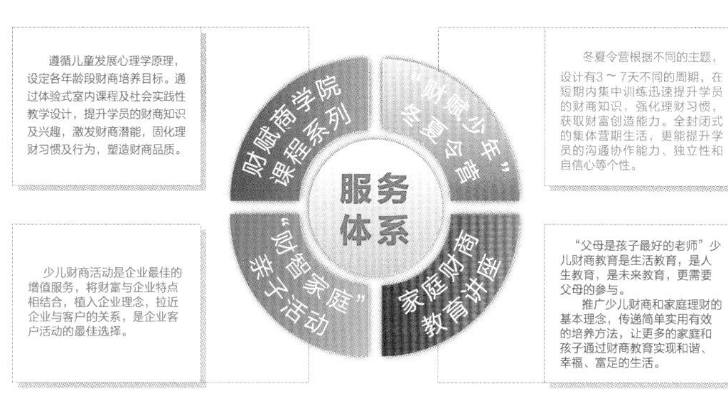

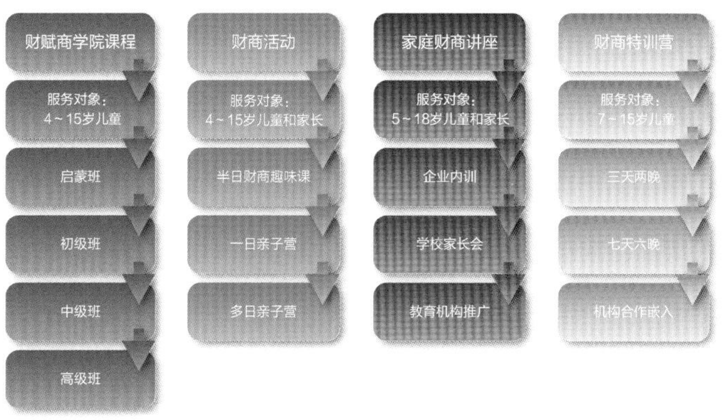

4～18岁是财商培养的关键期，誉融服务体系设计有涵盖青少年及家庭全体系的课程及活动。誉融坚信财商教育的终极目标不是让孩子成为一个"赚钱高手"，而是通过财商培养的途径，延伸至儿童个性的发展及家庭亲子关系的改善。

亲子教育活动篇
茂德公草堂第六届儿童节——"我们都是小大人"亲子活动
——茂德公草堂誉融教育联合举办
珠啤博物馆·誉融教育财商亲子活动
活动写真
PHOTO SHOW
金融机构篇
中意人寿·誉融教育财商亲子活动
建设银行·誉融教育"财赋少年"财商
夏令营冬令营篇
少儿财商·主持演播冬令营
"财赋商学院"财商夏令营
校园篇
市桥东城小学五年发展规划